VOLUME 81

L'ECUAZIONE DELL'UNIVERSO

L'UNIVERSO SI È FORMATO DAL NULLA GRAZIE AL MOVIMENTO DI UN ALMATRINO

PRIMA EDIZIONE

Carlos L Partidas

Numero di deposito legale: MI2022000637

ISBN: 979 8371 0915 12

REGISTRAZIONE DELLA PROPRIETÀ INTELLETTUALE SAPI: N. 8074 DEL COMPENDIO DI CHIMICA DELLE MALATTIE REPUBBLICA BOLIVARIANA DEL VENEZUELA, 07/05/2010

DEDICAZIONE

IN MEMORIA DELLO SCIENZIATO ITALIANO GALILEO GALILEI. CON IL PRIMO STRUMENTO SCIENTIFICO DELLA STORIA SOTTO FORMA DI UN PICCOLO TELESCOPIO, GALILEO GALILEI FU IN GRADO DI DIMOSTRARE CHE IL CENTRO DELL'UNIVERSO NON ERA NÉ LA TERRA NÉ IL SOLE. FU UN EVENTO SCIENTIFICO CHE CAMBIÒ LA CONCEZIONE DELL'UOMO SULLA CREAZIONE DELL'UNIVERSO

INDICE DEI CONTENUTI

RICONOSCIMENTO

ALLE TEORIE DELLA RELATIVITÀ DI ALBERT EINSTEIN E MILEVA MARIĆ; E ALLA TEORIA DEL BIG BANG DEL REVERENDO BELGA GEORGES LEMAÎTRE. QUESTE DUE TEORIE RAGGIUNGONO IL LORO PUNTO FINALE NELLA STORIA DELLA SCIENZA, CON L'EQUAZIONE CHE SPIEGA COME L'UNIVERSO SI SIA FORMATO DAL NULLA

Capitolo 1

L'UNIVERSO INFINITESIMALE

Gli eventi non si ripetono, perché l'Universo si espande in modo esponenziale e caotico fino a non avere più nulla. L'Universo è nato dal movimento della più piccola quantità di energia che può stare nella nostra mente. L'Universo sta implodendo nel nulla. Possiamo dire che l'Universo è un sistema energetico nato dal movimento della più piccola quantità di energia che ha iniziato a muoversi nel centro del nulla. Il nulla non è infinito; il nulla ha le stesse dimensioni dell'Universo. Ma, se vogliamo dare un limite alle dimensioni del nulla, il nulla cresce in modo espansivo mentre l'Universo si espande. L'Universo non smetterà di crescere, perché l'espansione dell'Universo è verso il nulla.

Nel nulla non c'è nulla; tuttavia, dobbiamo definire la quantità minima di energia che si è formata nel nulla per collegare il nulla all'Universo e quindi per descrivere come l'Universo ha iniziato a formarsi dal nulla.

L'energia elettronica è nata dal movimento della quantità minima di energia elettronica e la materia elettronica si è formata dall'integrazione dell'energia elettronica. L'energia magnetica è nata dal movimento dell'energia elettronica e la massa magnetica si è formata dall'integrazione dell'energia magnetica.

Quindi, tutto ciò che esiste, cioè qualsiasi sistema fisico costituito da materia elettronica, compresi i corpi degli esseri viventi e degli spiriti, si è formato come conseguenza dell'energia prodotta dal movimento dell'Universo.

La materia elettronica prodotta nell'Universo non è cosciente della sua esistenza, mentre la massa magnetica è la parte cosciente dell'Universo, cioè la massa magnetica che forma gli spiriti è cosciente di se stessa.

Così, la materia elettronica e la massa magnetica formano un insieme inseparabile nell'Universo che si sta formando dal nulla.

Sulla Terra, la massa magnetica dello spirito è l'energia che guida la materia elettronica del corpo fisico. Sulla Terra, però, si ritiene che la materia elettronica del corpo fisico sia la forma di vita vera e propria; pertanto, il valore della vita viene attribuito solo alla forma fisica dell'essere umano. Ma ogni organismo che muove il proprio corpo per mezzo della sua massa magnetica è in realtà un essere vivente che ha anche il diritto di esistere.

Tuttavia, a causa di questa ignoranza dell'origine della forma di vita, gli esseri umani stanno distruggendo la vita degli altri esseri viventi sul pianeta Terra.

Questa differenza è dovuta al fatto che non tutti possono vedere l'immagine energetica di uno spirito. Il corpo fisico della Terra e il corpo fisico di un essere umano si sono formati grazie all'integrazione dell'energia elettronica; mentre la massa magnetica dello spirito si è formata grazie all'integrazione dell'energia magnetica.

L'energia elettronica e l'energia magnetica sono due tipi di energie diverse, che quindi formano sostanze altrettanto diverse. La differenza è dovuta al fatto che la materia elettronica è costituita da nuclei ed elettroni legati spazialmente, mentre la massa magnetica degli spiriti non ha né nuclei né elettroni; pertanto, la massa magnetica degli spiriti è un modello energetico più stabile della più stabile materia elettronica.

La materia elettronica è costituita da un tipo di integrazione che può cambiare nel tempo, poiché la stabilità della sostanza costituita da materia elettronica dipenderà dalla disposizione dei nuclei e degli elettroni, cioè dalla compensazione che si verifica grazie all'integrazione più stabile delle cariche elettroniche.

La massa magnetica di uno spirito, invece, non ha né nuclei né elettroni; pertanto, la massa magnetica dello spirito non ha cariche elettroniche. Pertanto, lo spirito non può essere modificato o distrutto nel tempo. Possiamo dire che lo spirito è costituito dalla sostanza più stabile che possa esistere.

Pertanto, la massa magnetica dello spirito può solo cavalcare la materia elettronica di un corpo fisico per condurla, ma senza integrarsi con il corpo fisico. L'energia magnetica si è formata dal movimento dell'energia elettronica; quindi, non avendo nuclei, elettroni o cariche elettroniche, la massa magnetica dello spirito non potrà fondersi con la materia elettronica del corpo fisico.

Per lo spirito la materia elettronica è trasparente; per lo spirito è come se la materia elettronica non esistesse. Per esempio, lo spirito può attraversare qualsiasi tipo di materia elettronica senza interagire, perché non ha cariche elettroniche. La massa magnetica dello spirito in relazione alla materia elettronica sarebbe come mettere un setaccio attraverso l'acqua.

Quando ci riferiamo all'energia magnetica, questa è l'impronta energetica olografica che porta al corpo elettronico di qualsiasi essere vivente; cioè, può essere il corpo di un girino, di un pesce, di una balena, di un virus, di un batterio, di una tigre, di una scimmia, di un gatto, di un toro, di una mucca, di una capra, di un pollo, di una farfalla, di un giaguaro, di un serpente, di un essere umano, ecc.

Ma abbiamo già detto che la confusione sulla Terra è dovuta al fatto che non vediamo l'energia dello spirito; infatti possiamo vedere solo il corpo fisico di qualsiasi essere vivente, o il corpo fisico di qualsiasi oggetto senza vita, perché questi corpi sono costituiti da materia elettronica che può cambiare nel tempo. L'energia che guida il corpo di un essere vivente, invece, non la vediamo, perché è un'energia diversa; ma l'energia dello spirito dobbiamo classificarla come energia. Al timbro motorio del corpo fisico dobbiamo per il momento dare il nome di energia, finché non riusciremo a dare un nome alla sostanza più stabile che forma lo spirito. In realtà, la massa magnetica dello spirito è il timbro olografico che guida il corpo fisico della materia elettronica vivente.

Gli elettroni e i nuclei si dispongono o cambiano la loro posizione spaziale; cioè, gli elettroni negativi e i nuclei positivi regolano le loro cariche elettroniche in base alla differenza di energia di integrazione. Questa disposizione elettronica culminerà quando la configurazione elettronica formata sarà la più stabile. Ad esempio, una pietra, una sabbia, una scoria, la corteccia di un albero, ecc.

Queste variazioni di cariche elettroniche possono essere i ponti di idrogeno che si formano tra le quattro molecole del DNA: adenina, timina, guanina e citochina, che danno un'identità sotto forma di codice genetico a ogni corpo di ogni essere vivente sulla Terra: ad esempio, da un virus a un essere umano.

La forma di vita attuale è la massa magnetica dello spirito, per cui lo spirito che ha sviluppato maggiormente il suo ragionamento è quello che si trova più in alto nella scala evolutiva dell'esistenza. Per esempio, un virus o un batterio è un essere vivente, ma non è consapevole della sua esistenza. L'essere umano, invece, grazie alla conoscenza che ha acquisito, si trova su una scala di esistenza superiore.

Ci sono però esseri umani che funzionano senza essere consapevoli della loro esistenza, perché non sono stati risvegliati all'origine della loro esistenza o allo stato di coscienza. Dobbiamo quindi scavare in profondità nella coscienza dell'essere umano inconsapevole per risvegliare questo stato di coscienza, in modo che tutti gli esseri viventi possano evolvere. Affinché tutti gli esseri umani siano collocati a un livello superiore della loro scala evolutiva.

Pertanto, un animale domestico o qualsiasi altro animale può essere al di sotto della scala di consapevolezza di un essere umano, ma un essere vivente diverso da un essere umano esprime i suoi sentimenti attraverso l'istinto.

Per esempio, una mucca può non essere consapevole della sua esistenza; ma una mucca, un maiale, un pollo, un cervo o una pecora hanno dei sentimenti; pertanto, ucciderli per mangiare la carne dei loro corpi viene fatto solo dagli esseri umani che non hanno risvegliato lo stato di coscienza.

Uccidere un fratello dell'Universo vivo per mangiarlo, o per commerciare la carne del suo corpo, o spararli in testa da lontano per vederlo cadere, è uno degli atti più abominevoli dell'essere umano inconsapevole. È un atto aberrante commesso dall'essere umano che non è consapevole di se stesso, dell'esistenza di altri esseri, né dell'esistenza dell'Universo.

L'Universo non è consapevole della sua esistenza, perché la parte cosciente dell'Universo è la massa magnetica di tutti gli spiriti che esistono nell'Universo. La parte cosciente dell'Universo è la massa magnetica che forma gli spiriti di tutti gli esseri viventi; ma, sulla Terra, gli esseri umani inconsapevoli pensano che l'unica esistenza della vita nell'Universo sia il corpo fisico degli esseri umani.

La massa magnetica di uno spirito non contiene materia elettronica; pertanto, i terrestri non considerano l'esistenza dell'impronta olografica della massa magnetica di uno spirito.

La disposizione microscopica delle cariche elettroniche è in atto da miliardi di anni e questo processo di adattamento continuerà ad avvenire in questa forma invisibile. Questa disposizione di elettroni e nuclei nel corso di miliardi di anni è ciò che ha creato la perfezione che notiamo in questo momento di esistenza sulla Terra.

Tuttavia, non trovando alcuna spiegazione per questa perfezione che si verifica elettronicamente, la maggior parte delle persone la attribuisce a un essere perfetto. In realtà, tutto ciò che esiste ed esisterà lo dobbiamo alla disposizione elettronica che forma la generazione di energia emanata dal movimento dell'Universo.

Quindi, tutto ciò che esiste nell'Universo è una conseguenza del movimento dell'Universo; pertanto, tutti gli esseri viventi sono fratelli e sorelle, sia dal punto di vista genetico sia dal punto di vista energetico, perché tutto ciò che esiste e ciò che esisterà nell'Universo è una conseguenza del movimento dell'Universo. Quindi siamo tutti figli del grande Universo.

In realtà, siamo tutti l'Universo, perché la parte cosciente dell'Universo è la massa magnetica degli spiriti. Gli spiriti devono essersi formati in diversi stadi di energia, cioè in diversi livelli energetici.

Per esempio, all'inizio, o quando l'Universo era di dimensioni infinitesimali, si è formata un'energia elettronica infinitesimale; e dal movimento dell'energia elettronica infinitesimale si è generata un'energia magnetica infinitesimale. La velocità di rotazione dell'energia elettronica infinitesimale raggiunse un valore infinito rispetto alle dimensioni infinitesimali dell'Universo e iniziò a formarsi la prima quantità di materia elettronica infinitesimale nell'Universo, ovvero m_0 nell'equazione energetica dell'Universo $Ev=m_0C^3$. Questa è l'equazione energetica che spiega più chiaramente come si è formato l'Universo, perché con questa equazione possiamo sapere in qualsiasi momento a quale velocità di rotazione l'energia elettronica viene convertita in materia elettronica.

All'inizio, ovvero quando l'Universo era di dimensioni infinitesimali, l'energia magnetica infinitesimale generata si è integrata spontaneamente con altra energia magnetica infinitesimale che ruotava nella stessa direzione (↑↑ o ↓↓), e si è formata la prima quantità positiva (↑↑) e negativa (↓↑) di massa magnetica infinitesimale.

La massa magnetica infinitesimale e la materia elettronica infinitesimale si sono integrate spazialmente e si sono formati i primi corpi infinitesimali. Ad esempio, il corpo che forma la massa magnetica infinitesimale di un virus.

In questo modo, si sono formati i diversi livelli di energia, fino alle dimensioni dell'Universo come lo conosciamo oggi. Ma la perfezione della disposizione delle cariche elettroniche ci fa pensare che sia stato qualcuno a creare l'Universo. Il processo di messa a punto elettronica di questo sistema dell'Universo è in corso a livello microscopico da miliardi di anni e continuerà ad andare avanti per altri miliardi di anni; ma sarà impossibile per un essere umano vedere il processo evolutivo dell'Universo.

Un essere umano viaggia nello spazio a velocità zero rispetto alla Terra, mentre la Terra viaggia nello spazio a 28 chilometri al secondo rispetto al Sole.

In altre parole, viaggiamo sulla Terra con velocità zero rispetto alla Terra; pertanto, ci sembra che l'Universo sia statico o che non si muova. Alcuni esseri umani ritengono che tutta questa perfezione sia stata prodotta da un essere invisibile simile all'uomo. Tuttavia, per creare l'Universo, dovremmo immaginare che questo essere creatore sia al di fuori dell'Universo, cioè nel nulla; ma è impossibile che qualcuno esista nel nulla perché nel nulla non c'è nulla.

Nel doppio del tempo attuale, cioè quando l'età dell'Universo raggiungerà i 27,6 miliardi di anni, l'Universo starà ancora creando se stesso e noi avremo una configurazione fisica diversa da quella attuale dell'Universo. Ma la massa magnetica degli spiriti sarà presente e potrà contemplare i nuovi eventi che accadono nell'Universo, le nuove galassie che formeranno nuovi soli, i nuovi esseri viventi, perché l'Universo non smetterà di crescere finché sarà in movimento.

Se continuiamo così, la Terra sarà sempre presente nell'Universo come corpo celeste; ma forse l'essere umano inconsapevole distruggerà la vita sulla Terra prima di quel momento. Perché l'uomo inconsapevole considera la vita degli animali come un'attività economica. Oppure l'essere umano inconsapevole cerca la sua eternità nel transumanesimo del corpo fisico, cosa impossibile, perché l'unica cosa eterna nell'essere umano è la massa magnetica dello spirito. Sarà impossibile immunizzare la massa magnetica di uno spirito.

Una favola da un punto di vista filosofico ha senso; perciò il pensiero umano era pieno di fantasie convincenti, quando la spiegazione di come si è formato l'Universo era un vuoto scientifico.

Finché non apparve Galileo Galilei con uno strumento scientifico rappresentato da un piccolo telescopio per osservare l'Universo. Galileo Galilei si rese conto che il cielo non esisteva e che il centro dell'Universo non era la Terra o il Sole; ma questa dimostrazione di Galileo Galilei mise a disagio i vertici della Chiesa cattolica o coloro che erano convinti delle idee filosofiche di Claudio Tolomeo.

Tuttavia, l'idea reale o scientifica della formazione dell'energia dell'Universo iniziò con la convinzione rappresentata dal telescopio di Galileo Galilei.

L'alta energia era prodotta dal movimento della più piccola quantità di energia immaginabile, che dobbiamo definire almatrino.

Il calore generato nell'Universo infinitesimale cominciò a diminuire quando le energie elettroniche e magnetiche si integrarono spontaneamente: l'energia elettronica si integrò e si formò la materia elettronica, l'energia magnetica si integrò e si formò la massa magnetica di uno spirito.

Così si formarono le diverse classi e corpi elettronici e magnetici, mentre l'Universo si espandeva; perché l'espansione dell'Universo è verso il nulla.

In questo modo, in questo periodo di 13,8 miliardi di anni si sono formati lo spazio, i diversi corpi fisici elettronici e i diversi e distinti tipi di esseri magnetici maschili e femminili. Sulla Terra, il corpo fisico di un essere maschile e femminile sarà in grado di integrarsi in modo spaziale per formare altri esseri funzionali.

I cambiamenti fisici continueranno a verificarsi nell'Universo, perché l'Universo, espandendosi, cerca uno stato di energia minima, cioè una condizione energetica in cui la quantità di energia è minore. Ma, mentre l'Universo si muove, genera più energia; pertanto, l'Universo non raggiungerà un punto finale, cioè non raggiungerà un punto di equilibrio termico.

Capitolo 2

LIVELLI DI ENERGIA

Se vogliamo sapere cosa c'era prima che l'Universo si formasse, possiamo considerarlo matematicamente, per dimostrare che prima che l'Universo fosse creato, non esisteva nulla nel nulla.

Prima che l'Universo si formasse, possiamo scrivere virtualmente che 0/0=<(0)>. Significa che il punto zero dell'Universo era all'interno di uno zero. Possiamo scriverlo in questo modo virtuale, perché: 0/0=0, 0/1=0, 0/2=0, 0/3=0 ... 0/1000=0. Significa: 0/0=0, 0/0=1, 0/0=2, 0/0=3 ...0/0=1000. Ma 0≠1, 0≠2, 0≠3 e 0≠1000.

Questa incoerenza dei numeri è nota come il paradosso matematico della divisione per zero, che può essere risolto se si considerano i numeri virtualmente; infatti, possiamo includere il valore di qualsiasi numero come un'espressione virtuale della forma: <(n)>. In questo modo, il valore 'n' ha un valore virtuale prima del punto zero. Cioè, qualsiasi valore numerico può essere scritto virtualmente. Ad esempio: 0/0=<(3)> ma il valore non è 3, bensì il valore 3 è all'interno del valore zero.

Questo paradosso della divisione per zero è stato risolto dal giovane venezuelano Ramsés Cornieles.

Significa che prima del punto zero nel nulla non c'era nulla, anche se lo facciamo in modo virtuale, perché possiamo andare a ritroso fino a un punto precedente al punto zero dell'Universo.

In un istante si è formata la più piccola energia che possa stare nella nostra mente; e poiché era energia, questa quantità minima di energia ha iniziato a muoversi, e la formazione dell'Universo è iniziata dal punto zero.

Ma dobbiamo tenere presente che l'Universo è un sistema energetico. Quindi, questa quantità minima di energia che si è formata nel nulla è ciò che abbiamo definito come almatrino. Possiamo quindi collegare il nulla con l'Universo in modo matematico, il che ci porterà a un ragionamento scientifico.

Un almatrino non contiene carica elettronica o massa; un almatrino è solo energia in movimento.

Allo stesso modo, il fisico teorico di origine austriaca Wolfgang Ernst Pauli dovette ricorrere al concetto di energia per bilanciare la quantità di energia mancante dal decadimento beta. Pertanto, la particella di Wolfgang Pauli poteva contenere solo energia, cioè la particella proposta da Pauli non poteva contenere né carica né massa elettronica. Tuttavia, all'epoca di Wolfgang Pauli, l'esistenza di una particella senza massa e carica elettronica non poteva essere compresa. Pertanto, Wolfgang Pauli disse in una conferenza:

" ... Ho fatto una cosa avventata, perché ho proposto una particella che non può essere rilevata".

Wolfgang Pauli chiamò questa particella immaginaria, che non aveva né carica né massa, neutrone; tuttavia, il fisico italiano Enrico Fermi suggerì a Wolfgang Pauli di chiamare questa particella neutrino, perché il neutrone esisteva già. Infine, l'esistenza di un neutrino fu rilevata sperimentalmente. Tuttavia, un almatrino è più piccolo di un neutrino, quindi non può essere rilevato sperimentalmente.

Un almatrino è una quantità infinitesimale di energia che ha iniziato a muoversi nel punto iniziale dell'Universo e ha cominciato a generare un Universo infinitesimale.

Nel primo istante di movimento, un almatrino non poteva contenere né materia né carica elettronica; aveva un solo polo, poiché la materia e la carica elettronica sono formate dalla velocità dello spin. Il monopolo è stato proposto dal matematico e fisico britannico Paul Dirac.

Un almatrino deve ruotare su se stesso per percorrere un'orbita ellittica.

L'idea di una particella che ruota su se stessa è stata proposta dal fisico teorico tedesco Ralph Kronig. Tuttavia, l'idea di Ralph Kronig suscitò in Wolfgang Pauli una certa ironia. Così, in una lettera, Wolfgang Pauli dice a Ralph Kronig:

"...una particella non può ruotare su se stessa, perché questa ipotesi violerebbe la legge della relatività di Albert Einstein".

Ralph Kronig ritratta la sua proposta di fronte al prestigio scientifico di Albert Einstein e Wolfgang Pauli.

In seguito, Wolfgang Pauli si rende conto che Ralph Kronig aveva ragione; ma, se si divide il valore dell'energia per 2. Se si divide il valore dell'energia per 2, la rotazione di una particella su se stessa proposta da Ralph Kronig non viola la teoria della relatività di Albert Einstein.

In realtà, non esistono né la relatività di Albert Einstein né il principio di esclusione di Wolfgang Pauli. Per quanto riguarda il principio di esclusione di Pauli, ciò che esiste è una probabilità di livelli energetici. Per quanto riguarda la relatività di Albert Einstein, tutte le variabili dell'Universo sono assolute, una volta che sappiamo qual è il punto zero dell'Universo.

Inoltre, non esistono livelli quantistici, ma livelli energetici di probabilità. La probabilità al primo livello energetico è 2 per l'evento 1, cioè +(½) e -(½).

Cioè, se nello stesso livello energetico una particella elettronica ha un'energia che scorre verso l'alto, la particella successiva che si formerà dovrà necessariamente avere un'energia elettronica che scorre verso il basso, in modo che le due particelle possano esistere nello stesso livello energetico.

Questa probabilità di spin di una particella può essere spiegata dai fermioni e dai bosoni. Quindi, nello stesso livello energetico avremo 2 fermioni la cui energia elettronica scorre nella stessa direzione. Ad esempio, verso l'alto. Chiamiamo questi fermioni la cui energia elettronica scorre verso l'alto energia elettronica positiva.

L'energia elettronica che scorre verso l'alto genera un'energia magnetica che ruota da sinistra a destra e che chiamiamo energia magnetica positiva.

Un bosone è la probabilità di energia che integra 2 fermioni la cui energia elettronica scorre nella stessa direzione. Ad esempio, al livello 1, un bosone è la probabilità di integrazione dei fermioni +(1/2) e +(1/2) o (↑↑). La somma di queste due probabilità è 1. L'altra probabilità di integrazione di un bosone è: -(1/2) + [-(1/2)] o (↓↓); anche questa integrazione è 1. Cioè, non è necessario mettere un segno matematico su un bosone, perché l'integrazione è solo una probabilità.

Così, al livello energetico 1, avremo in sequenza le probabilità di moto di 5 almatrini in rotazione alternata: +1/2, -1/2, +1/2, -1/2, +1/2 e +1/2; oppure (↑↓↑↓↑).

L'energia elettronica dei fermioni positivi +1/2 e +/1/2 o (↑↑) si integra spontaneamente e si forma la materia elettronica positiva dei nuclei elettronici.

Se vogliamo confrontare questo movimento con un fatto osservabile, due tornado che ruotano nello stesso senso (→→ o ←←) si uniscono spontaneamente e si forma un unico tornado; ma, se i due tornado ruotano in senso opposto (→ o ←); cioè se un tornado ruota a destra e l'altro a sinistra, i due tornado non si integrano e continuano a esistere indipendentemente.

Il segno (±) dei due tornado integrati indicherebbe solo in quale direzione sta girando il nuovo tornado.

Così come l'energia elettronica positiva dei 2 fermioni positivi +1/2 e +1/2 o (↑↑) si è integrata spontaneamente e si è formata la materia elettronica positiva dei nuclei elettronici; allo stesso modo, l'energia elettronica dei 2 fermioni negativi -1/2 e -1/2 o (↓↓) si integra spontaneamente e si forma la materia elettronica negativa degli elettroni.

L'energia elettronica dell'almatrino 5, cioè +1/2 (↑) del livello 1, è l'energia elettronica che collega il livello energetico 1 al livello energetico 2; e così via in modo successivo. In questo modo, i valori dei livelli energetici vanno verso un valore molto grande dell'energia elettronica.

Possiamo scrivere in modo più generale come: $+(n_1/2)$, $-(n_1/2)$, $+(n_2/2)$, $-(n_2/2)$, $+(n_3/2)$, $-(n_3/2)$... $\pm(n_n/2)$, e così via.

Non possiamo scrivere 'n' all'infinito, (n_∞) perché la formazione dell'Universo non è finita e non può finire; infatti, l'Universo si sta espandendo verso il nulla. Quindi, l'espansione dell'Universo non potrà raggiungere un valore infinito.

Il flusso dell'energia elettronica dei fermioni +1/2 (↑) e -/1/2 (↓) genera un'energia magnetica. L'energia magnetica che ruota da sinistra a destra (→) è positiva; l'energia magnetica che ruota da destra a sinistra (←) è negativa.

Queste due energie magnetiche positive o che ruotano da sinistra a destra (→→) si integrano e formano la massa magnetica di un essere maschile.

Le 2 energie magnetiche negative o da destra a sinistra (←←) si integrano e formano la massa magnetica di un essere femminile.

A causa del movimento, il flusso energetico dell'almatrino, essendo energia, non può rimanere statico. Inoltre, il flusso di energia è verso il nulla, cioè non ci sono forze nel nulla in grado di fermare il flusso di energia dell'Universo.

Ad esempio, quando l'almatrino si trovava a metà della sua orbita ellittica, l'altra metà ellittica del percorso dell'almatrino era già aumentata fino a raggiungere un valore esponenziale della forma $y=e^{xt}$. Cioè, la crescita dell'Universo non è lineare o della forma y=xt; piuttosto, la generazione dell'energia dell'Universo avviene in modo esponenziale. Ciò significa che ogni volta che l'energia dell'Universo cresce, l'Universo si espande su una quantità di energia già esistente.

A quel tempo, la temperatura dell'Universo era molto alta, perché le dimensioni dell'Universo erano infinitesimali. Quindi, l'almatrino doveva ruotare intorno a se stesso sempre più velocemente per completare la sua orbita ellittica. L'orbita ellittica del percorso diventava sempre più grande per l'almatrino. Muovendosi sempre più velocemente, l'almatrino creava più energia; l'energia aumentava la temperatura e, con l'espansione, si creava più spazio. Ma la velocità di rotazione dell'almatrino non poteva essere infinita per completare il suo percorso ellittico. Pertanto, è stato raggiunto un valore di velocità in cui l'energia rotazionale elettronica è stata convertita in materia elettronica.

Se questa conversione dell'energia elettronica in materia elettronica non fosse avvenuta, l'almatrino avrebbe continuato a ruotare su se stesso a una velocità esponenzialmente crescente.

L'equazione che prevede la velocità di conversione dell'energia elettronica in materia elettronica è $Ev=m_0C^3$. In questa equazione, come detto, m_0 è la quantità iniziale di materia elettronica nell'Universo, E è l'energia generata, v è la velocità di rotazione dell'almatrino e C è la costante di proporzionalità. La costante di proporzionalità C è quella che ci permette di introdurre il valore di uguaglianza tra le quantità.

Tuttavia, la conversione dell'energia elettronica in materia elettronica non può essere effettuata a partire dall'equazione di Albert Einstein e Mileva Marić $E=mC^2$; infatti, con questa equazione energetica di Albert Einstein e Mileva Marić non sappiamo se 'm' nell'equazione è la materia elettronica o se 'm' è la massa magnetica. Per Albert Einstein la materia elettronica iniziale dell'Universo m_0 è immaginaria e l'equazione energetica di Albert Einstein non considerava la velocità v dell'energia.

Ma la materia elettronica è diversa dalla massa magnetica. L'energia elettronica è prodotta dal movimento; la materia elettronica è formata dall'integrazione dell'energia elettronica; mentre l'energia magnetica è prodotta dal flusso di energia elettronica e la massa magnetica è formata dall'integrazione dell'energia magnetica.

La materia elettronica positiva dei nuclei si integra spazialmente con la materia elettronica negativa degli elettroni e si formano le molecole, o gli elementi della tavola periodica.

In natura, questi elementi della tavola periodica di solito non sono allo stato puro. Ad esempio, non esiste un atomo di idrogeno H, ma una molecola di idrogeno H_2, perché come molecola i due atomi di idrogeno compensano dinamicamente la carica elettronica dell'altro.

Quindi, attraverso questa integrazione della materia elettronica, tutta la materia elettronica dell'Universo si forma spazialmente tra i nuclei positivi e gli elettroni negativi.

La materia elettronica non ha nulla a che fare con la massa magnetica; ma, se confrontiamo le forze di integrazione, la forza di integrazione della materia elettronica è meno intensa della forza di integrazione della massa magnetica. Infatti, come detto, la materia elettronica è integrata spazialmente tra gli elettroni negativi e i nuclei elettronici positivi. Pertanto, gli elettroni negativi possono allontanarsi dal nucleo positivo sotto forma di radiazione elettromagnetica. Invece, l'integrazione dell'energia magnetica sotto forma di massa magnetica non è spaziale, perché la massa magnetica non ha né nuclei né elettroni.

I bosoni elettronici che integrano la materia elettronica sono chiamati gluoni. Mentre i bosoni che compongono la massa magnetica possono essere chiamati urdires.

Le due energie magnetiche positive, o energie che ruotano nella stessa direzione (→→), si integrano spontaneamente e si forma la massa magnetica positiva di un essere maschile.

Le due energie magnetiche che ruotano da destra a sinistra o negative (←←) si integrano spontaneamente e formano la massa magnetica negativa di un essere femminile.

Così nella razza umana si sono formati il maschio e la femmina, o negli animali i due generi, quello femminile e quello maschile. Per esempio, in altri lignaggi saranno un gallo e una gallina; un leone e una leonessa, un gatto e una femmina di gatto, un toro e una mucca, ecc.

Questi due esseri, maschio e femmina, possono essere uniti spazialmente per mezzo dei corpi fisici. Dall'unione spaziale di questi due corpi fisici si formerà un altro corpo fisico, nel quale verrà incorporato lo spirito formato dalla massa magnetica proveniente dal mondo spirituale.

L'incorporazione dello spirito nel suo nuovo corpo fisico avverrà 5 mesi dopo la gestazione. E avverrà a 5 mesi, perché l'embrione si è formato dall'integrazione fisica di due aploidi. L'aploide maschile si trova nei testicoli dell'essere maschile, mentre l'aploide femminile si trova nell'uovo dell'essere femminile.

Gli aploidi non hanno memoria fisica. La memoria fisica è energia magnetica senza peso; pertanto, la memoria magnetica è incarnata nello spirito che viene incorporato in un corpo fisico.

La memoria di massa e magnetica è ciò che dà lo stile o la forma di vita a un essere spirituale che vive in un corpo fisico composto da materia elettronica.

La memoria magnetica dello spirito si trova in forma fisica nell'ippocampo. Perciò i bambini non hanno memoria fisica, ma possono vedere e parlare con uno spirito, perché possono vedere cose che si muovono molto velocemente. Allo stesso modo, i bambini possono sentire la gamma infrasonica. Questo accadrà al bambino fino a quando non avrà raggiunto l'età di un bambino di 5 anni. A quell'età, la formazione dell'ippocampo culminerà nel cervello del bambino.

In base a questa sequenza (↑↓↑↓↑) si deduce che l'almatrino numero 1, cioè l'almatrino che ha iniziato a formare l'Universo, aveva un'energia elettronica rivolta verso l'alto; oppure che l'energia magnetica del primo almatrino ruotava in direzione destra-sinistra (←).

Sebbene lo spin dell'almatrino sia relativo, la direzione dello spin dipende dal lato in cui vediamo l'almatrino ruotare. Se qualcuno vede l'almatrino girare da sinistra a destra, l'altra parte vedrà che l'almatrino gira da destra a sinistra.

All'inizio, la materia elettronica infinitesimale dell'Universo infinitesimale si è integrata con la massa magnetica infinitesimale; così si sono formati i vari corpi fisici infinitesimali con capacità di vita.

Alcuni di questi corpi infinitesimali vivono dormienti o addormentati all'interno di una capsula infinitesimale, in attesa delle condizioni ambientali per risvegliarsi dallo stato dormiente e riprodursi.

Chiamiamo questi corpi infinitesimali virus.

Questi corpi fisici infinitesimali si sono risvegliati nell'ambiente ostile della Terra. È probabile che ciò sia iniziato nel deserto di Lut, o su un altopiano, e che da lì si siano formati i diversi tipi di cellule che hanno dato origine agli esseri viventi sulla Terra. Compresa la vegetazione che si sarebbe formata prima per effetto della condensazione del vapore acqueo, poi per effetto delle maree che hanno trascinato il fitoplancton dal mare alla terraferma.

Le piante consumano l'anidride carbonica che gli animali espellono attraverso il naso. Le piante scartano l'ossigeno come rifiuto. L'ossigeno viene consumato dagli esseri viventi per produrre energia sotto forma di calore. Si è così formato un ecosistema che ha dato origine alla relazione e alla coesistenza tra le diverse forme di vita sulla Terra.

All'inizio l'Universo era buio, perché i pianeti e le loro atmosfere non si erano ancora formati per scomporre la radiazione elettromagnetica in luce e calore.

L'Universo è cresciuto, perché l'energia elettronica che crea lo spazio dell'Universo è di forma esponenziale. Se un essere umano si mettesse ai margini dell'Universo per vedere il tasso di crescita dell'Universo, non lo noterebbe, perché lo spazio fisico dell'Universo è molto grande. Quindi, ciò che rappresenta un istante per l'Universo sarà un'eternità per un osservatore umano.

La crescita dell'Universo è verso il nulla e sarà caotica, perché nel nulla non c'è nulla che possa fermare la crescita dell'Universo. Dobbiamo l'idea del moto caotico allo scienziato francese Jules Henri Poincaré.

Questo fa parte di una ricerca costante per scoprire come si è formato l'Universo in modo logico. Per esempio, Georges Lemaître era un sacerdote, ma non è riuscito a dimostrare come si sia formata l'energia che muove l'Universo in modo esponenziale. Georges Lemaître ha solo sviluppato la teoria del Big Bang.

Tuttavia, per riportare l'Universo al suo punto di partenza, come propone la teoria del Big Bang di Georges Lemaître, dovremmo diminuire l'entropia dell'Universo. Ma sarà impossibile riprendere l'Universo, perché per riprenderlo dovremmo fornirgli più energia di quella che l'Universo ha prodotto per riportarlo al punto iniziale. In altre parole, la teoria del Big Bang non spiega da dove provengano l'energia e la materia che hanno formato l'Universo.

Forse questa è un'ipotesi che si può fare matematicamente, ma la possibilità di riprendere l'Universo non ha senso dal punto di vista fisico. Quindi, non potremo contrarre l'Universo per riportarlo al punto di partenza.

Al punto di partenza, non potremo avere una densità infinita di materia elettronica; ma, utilizzando la teoria del Big Bang, non sapremo nemmeno da dove provenga l'energia che ha riscaldato il punto di partenza dell'Universo.

Quindi, con l'analisi che abbiamo fatto, di come si è formata tutta la materia che sta formando l'Universo e tutta la materia che si formerà nell'Universo; la massa magnetica degli spiriti e i generi maschile e femminile, che nella razza umana sono l'uomo e la donna, rappresentano il fatto scientifico più importante che si sia verificato nell'intera storia del pensiero scientifico della civiltà umana.

Tuttavia, è più facile capire una filosofia che un fatto scientifico; ma non possiamo ostacolare insensatamente l'analisi scientifica; dobbiamo quindi permettere alla spiegazione scientifica di progredire in modo logico, secondo il britannico Francis Bacon e l'italiano Galileo Galilei.

Quindi, tutti gli esseri umani sono obbligati a capire dove e come è nata e come nascerà tutta la materia elettronica e l'energia magnetica nell'Universo, attraverso l'equazione energetica che ha formato l'Universo $Ev=m_0C^3$, al fine di rendere l'umanità più umana.

Capitolo 3

L'EQUAZIONE CHE SPIEGA COME SI È FORMATO L'UNIVERSO

Il processo di espansione dell'Universo è irreversibile; pertanto, non possiamo aspettare che l'Universo si ritragga da solo al punto iniziale. È impossibile passare dal caos all'ordine spontaneamente, poiché per invertire il disordine in ordine è necessario apportare energia al sistema. Quindi, a questo punto della storia scientifica, la teoria del Big Bang del reverendo, matematico e astronomo belga Georges Henry Joseph Édouard Lemaître è finita. La teoria del Big Bang o dell'uovo cosmico non ha senso logico, poiché non spiega, ad esempio, da dove provenga l'energia che ha riscaldato l'Universo nascente. Anche se dall'idea del Big Bang sono state sviluppate nuove teorie che spiegano la formazione dell'Universo, non saremo in grado di concentrare in un unico punto tutta l'energia che l'Universo ha ora e quella che avrà in un tempo infinito.

Tuttavia, ancora una volta, il vuoto esplicativo ha portato molti scienziati ad assumere la teoria del Big Bang, e quelle da essa derivate, come la spiegazione più rappresentativa della formazione dell'Universo.

Con l'espansione dell'Universo verso il nulla, si ha il caos o il disordine; infatti, ciò che l'Universo cerca con l'espansione è uno stato in cui il sistema energetico che forma l'Universo è in equilibrio termico. Cioè, in modo che l'Universo possa raggiungere un punto in cui ha meno energia; per questo, è necessario passare dall'ordine al disordine. Ma, da questo punto di vista, il punto di equilibrio dell'Universo non è nemmeno oltre il più infinito; poiché l'Universo crea da sé l'energia che lo spinge verso il nulla; e nel nulla non c'è energia.

L'Universo forma un'implosione nel vuoto assoluto.

Il confine interno del nulla è uguale al confine esterno dell'Universo. Possiamo definire questo confine come un bordo flessibile; cioè, il confine del nulla si espande con l'espandersi dell'Universo; infatti, al di fuori dell'Universo non c'è nulla. Pertanto, il flusso di energia dell'Universo sarà eternamente verso il nulla e l'entropia o il disordine dell'Universo aumenterà continuamente verso il nulla.

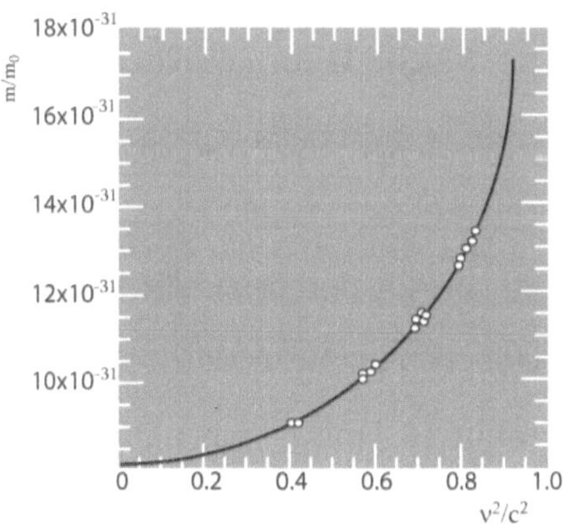

FIGURA 1

GRAFICO DI BUCHERER E NEUMANN

Tuttavia, Albert Einstein non volle vedere nella Figura 1 di Bucherer e Newmann che la velocità oltre il valore v^2/C^2 raggiunge un valore infinito. Quando la velocità è maggiore di 1 ($v^2/C^2>1$), Albert Einstein dedusse che, se qualcosa potesse muoversi con una velocità C maggiore della luce, la massa di questa particella non sarebbe reale ma immaginaria. Ma in realtà non è così, perché la materia elettronica del sistema che sta formando l'Universo nel nulla è reale, perché la materia elettronica è formata dall'energia elettronica e l'energia elettronica è una grandezza reale.

Ciò significa che, come ha dedotto Ralph Kronig, qualsiasi particella reale, per muoversi lungo la sua orbita ellittica, deve ruotare su se stessa con una velocità superiore alla sua velocità di traslazione. Poiché la forma ellittica è l'unico modo di muoversi, affinché la particella possa contenere la stessa quantità di energia nel suo viaggio attraverso lo stesso livello energetico. Cioè, con un percorso ellittico, la particella non perde energia; cioè, con un moto ellittico, la particella non decelera, come farebbe se il moto della particella fosse circolare.

La forma ellittica della traslazione è il modo spontaneo o naturale del moto. Se il moto traslazionale fosse stato circolare, non si sarebbero formati i percorsi circolari all'interno di una sfera. In altre parole, se il moto fosse stato circolare, tutte le particelle si sarebbero agglomerate in un'unica orbita e non si sarebbe creato lo spazio che forma l'Universo. Con un moto traslazionale dell'energia in un'orbita circolare, il sistema energetico che forma l'Universo non si sarebbe espanso; oppure, il sistema non si sarebbe formato dal nulla. Se fosse andata così, il sistema energetico che forma l'Universo avrebbe raggiunto uno stato di esaurimento; oppure, l'Universo avrebbe avuto la forma di una cintura energetica.

Cioè, la geometria dell'Universo è sferica. Se la forma dell'Universo fosse stata ellittica, il sistema avrebbe consumato energia fino al nulla e l'Universo sarebbe stato in equilibrio. Cioè, l'Universo avrebbe raggiunto uno stato in cui il valore dell'entropia è massimo. Ma l'entropia è un processo spontaneo che non può essere fermato; pertanto, non saremo in grado di raggiungere un punto in cui l'entropia ha un valore massimo. È impossibile raggiungere un punto in cui l'entropia abbia un valore massimo; pertanto, l'Universo continuerà a espandersi progressivamente verso il nulla.

Il sistema energetico dell'Universo non può tornare indietro, perché l'Universo diventerebbe il nulla nel suo punto iniziale; ma questo è impossibile, perché l'Universo non può tornare al suo punto iniziale.

Il processo di formazione dell'Universo dura 13,8 miliardi di anni, quindi non saremo in grado di riprendere l'Universo.

Possiamo riprendere l'Universo solo come probabilità teorica, grazie all'immaginazione matematica, ma questa ipotesi non ha senso da un punto di vista fisico, perché la retro trazione non è un processo spontaneo. Per riportare l'Universo al punto di partenza è necessario immettere nel sistema una quantità di energia superiore a quella prodotta dall'Universo.

L'entropia non diminuisce da sola, perché sarebbe come dire che qualcosa che era disordinato è diventato ordinato da solo. Non c'è abbastanza energia nell'Universo per riportarlo spontaneamente al punto di partenza.

Lo spazio che separa i diversi corpi deve essere grande, come, ad esempio, quello tra i corpi che formano il sistema solare. Infatti, quando due corpi ruotano in direzioni opposte (← o →) si forma una forza repulsiva tra due corpi; come nel caso dei due tornado che ruotano in direzioni opposte. Questi corpi spaziali sono ordinati in sequenza da una configurazione alternata del moto elettronico, cioè positivo-negativo-positivo-negativo, (↑↓↑↓) ... ecc. Ma, pur essendo separati, c'è una forza integratrice che li tiene insieme nella forma positiva (↑↑) e negativa (↓↓).

Ad esempio, il Sole ruota da sinistra a destra (→), perché il flusso dell'energia elettronica positiva del Sole è verso l'alto (↑). Mercurio ruota da destra a sinistra (←), perché il flusso di energia negativa di Mercurio è opposto al flusso di energia elettronica positiva del Sole (↓). Venere ruota da sinistra a destra (→) proprio come il Sole o in senso opposto a Mercurio; ma l'energia elettronica di Venere è negativa (↓). La Terra ruota da destra a sinistra (←), cioè ruota in senso opposto a Venere; quindi, il polo positivo della Terra è verso l'alto (↑) e il polo negativo della Terra è verso il basso (↓). Possiamo quindi proseguire la spiegazione verso il pianeta Marte.

Tuttavia, i pianeti: Mercurio, Venere, Terra, Marte, ecc. formano la carica negativa (↓↓↓↓), e tra tutti compensano la carica positiva del nucleo del Sole (↑); e poiché si tratta di un nucleo elettronico, il Sole è più massiccio. Pertanto, il Sole è più grande della somma di tutti i pianeti. Ad esempio, la carica negativa fluisce dalla Terra al nucleo elettronico del Sole.

Quindi, il moto di ciascuno dei corpi elettronici è opposto a quello dell'altro; poiché il moto di rotazione di tutti i corpi nello spazio è una trasmissione di moto. Pertanto, i corpi nello spazio dell'Universo sono allo stesso tempo integrati da forze elettroniche di rotazione opposta allo stesso livello energetico; ciò impedisce ai corpi di fondersi per formare un unico corpo elettronico. Questa energia di repulsione e attrazione tra corpi celesti allo stesso livello energetico la chiamiamo forza di gravità elettronica.

Gli spiriti non contengono materia elettronica; gli spiriti sono costituiti solo da massa magnetica; pertanto, la massa magnetica degli spiriti non è influenzata dalla forza di gravità elettronica.

Ma dobbiamo descrivere matematicamente come si è formato un sistema energetico che, da quando è iniziato, continua a crescere esponenzialmente immerso nel nulla.

Dall'equazione dell'energia di Albert Einstein e Mileva Marić $E=mC^2$, possiamo utilizzare il numero complesso derivato da

Johann Carl Friedrich Gauss, perché l'equazione di Albert Einstein e Mileva Marić mostra come l'energia possa essere trasformata in materia elettronica e la materia elettronica possa essere riconvertita in energia.

La materia elettronica può essere riconvertita in energia elettronica se la materia elettronica entra in contatto con un buco nero che ruota ad alta velocità. Ma questi sistemi non sono né buchi né buchi neri, sono sistemi energetici in cui l'energia elettronica gira ad alta velocità. I buchi neri sono sfere di accrescimento, dove l'energia elettronica viene convertita in materia elettronica.

Uno spirito non ha materia elettronica, quindi non è influenzato da un buco nero; ma uno spirito è consapevole della sua esistenza, quindi nessuno spirito penserebbe mai di entrare in contatto con un buco nero.

Abbiamo detto che esistono particelle che non hanno né massa né carica elettronica; ma la materia elettronica, essendo energia condensata, non può essere immaginaria. Per esempio, gli spiriti sono esseri reali, ma non contengono materia elettronica. Gli spiriti sono costituiti da una massa magnetica che non contiene materia elettronica, perché gli spiriti non hanno né nuclei né elettroni.

Tuttavia, Albert Einstein riteneva che la materia iniziale non fosse reale; piuttosto, la materia iniziale sarebbe stata immaginaria secondo la deduzione matematica di Johann Carl Friedrich Gauss; ma Gauss si riferiva a un valore complesso, che è diverso dal valore immaginario; poiché l'immaginario non è reale.

Un valore complesso è un valore composto da più elementi reali, mentre un valore immaginario esiste solo nell'immaginazione, cioè il valore immaginario non ha una forma fisica reale. Tuttavia, la materia elettronica che esiste nel sistema che forma l'Universo e il nulla deve essersi formata in qualche punto e in qualche momento. Pertanto, è necessario cercare un'equazione che ci mostri in modo fisico come si è formata la materia elettronica iniziale del sistema energetico che forma l'Universo.

Possiamo sottrarre al valore 1 il valore corrispondente a v^2/C^2; cioè il valore che si trova all'interno della radice quadrata nell'equazione energetica di Albert Einstein e Mileva Marić, in modo che la velocità di rotazione abbia un limite; oppure in modo che la materia elettronica m_0 non abbia un valore immaginario. La materia elettronica iniziale è determinata dalla seguente relazione:

$$m=m_0/\sqrt{1-v^2/C^2}$$

Dalla considerazione che v è maggiore di C, si deduce che: (v^2/C^2) o che C è minore di v; cioè (v^2/C^2) è maggiore di 1. Sottraendo il valore (v^2/C^2) da 1, rimarrà un valore negativo all'interno della radice quadrata della forma: $-(v^2/C^2)$. Possiamo utilizzare il numero complesso 'i' di Johann Carl Friedrich Gauss per risolvere il valore negativo della radice quadrata.

Quindi:

$$m=m_0/\sqrt{-v^2/C^2}$$

Sostituendo il valore di questa materia elettronica 'm' con il valore della materia iniziale m_0 nell'equazione di Einstein si ha:

$$E=m_0C^3/iv$$

$$iv=m_0C^3/E$$

Dove 'i' è il valore del numero complesso. Moltiplichiamo entrambi i lati dell'uguaglianza per il numero complesso 'i'; ma, tenendo presente che: $i^2=-1$. Pertanto:

$$i^2v=i.m_0C^3/E$$

$$-v=i.m_0C^3/E$$

Se eleviamo i moduli di uguaglianza al quadrato, poiché il valore reale della velocità è crescente, così come il valore della materia elettronica e il valore dell'energia elettronica, queste variabili non hanno segno matematico. Si ha che:

$$-|v|^2=i^2m_0{}^2C^6/E^2$$

$$-v^2=-m_0{}^2C^6/E^2$$

$$v^2=m_0{}^2C^6/E^2$$

Se estraiamo il valore all'interno della radice quadrata, per calcolare la velocità v del primo almatrino che è diventato materia elettronica m_0, quando l'Universo aveva le dimensioni di una sfera energetica infinitesimale, otteniamo che la velocità dell'energia all'interno del sistema che ha iniziato a formare l'Universo dal nulla è:

$$v=m_0C^3/E$$

Cioè, il valore infinitesimale dell'energia E del nulla in una frazione di tempo maggiore del tempo zero era pari a:

$$E=m_0C^3/v$$

Diciamo che era una frazione di tempo maggiore del tempo zero, perché la quantità di materia elettronica 'm' che l'Universo aveva in questo momento derivava dalla materia elettronica iniziale m_0; poiché, al tempo zero, la materia iniziale dell'Universo m_0 era zero. La frazione di tempo misurata dal punto zero è di $5{,}391 \times 10^{-44}$ secondi, cioè il tempo minimo di Max Planck.

Possiamo scrivere in modo integrato l'equazione che ha formato l'Universo come: $\Delta Ev = \Delta mC^3$. $\Delta E = E_f - E_0$, $\Delta m = m_f - m_0$. Cioè, con questa equazione che ha formato l'Universo, $Ev = m_0C^3$ possiamo sapere quale quantità di energia elettronica E_f e quale quantità di materia elettronica m_f avremo in ogni momento.

La velocità iniziale v era davvero zero, e questa velocità v non poteva raggiungere un valore infinito, perché la conversione dell'energia elettronica in materia elettronica ha un limite nella velocità di rotazione dell'energia elettronica. Vale a dire che: $\Delta v = v$; quindi, $\Delta Ev = \Delta mC^3$.

L'equazione può essere applicata a qualsiasi sistema energetico. Questa è l'equazione matematica che spiega come l'Universo si sia formato dal nulla.

L'equazione che ha formato l'Universo può essere integrata per sapere quanta materia elettronica avrà l'Universo in qualsiasi punto dello spazio. Diciamo, dal punto zero a un punto oltre l'infinito.

Lo spazio iniziale dell'Universo minimo era più piccolo di un almatrino; quindi, siamo arrivati all'istante, cioè al punto minimo o al punto zero in cui l'Universo ha iniziato a formarsi. Pertanto, tutte le misurazioni che faremo non potranno essere fatte in modo relativo, ma in modo assoluto, partendo dal punto zero dell'Universo, che si trova al centro del nulla. Ed è da questo punto zero che l'Universo ha iniziato a formarsi.

Quindi, l'equazione $Ev=m_0C^3$, è la relazione che spiega come l'Universo abbia iniziato a formarsi dal nulla; e come l'Universo si stia ancora formando; perché il processo di formazione dell'Universo, una volta iniziato, non può essere fermato.

Se il processo di creazione dell'Universo si fermasse in un punto, non ci sarebbe più moto; quindi, il processo di generazione dell'energia elettronica cesserebbe e l'Universo si bloccherebbe. Ciò che mantiene la generazione di energia elettronica nell'Universo è il movimento dell'Universo.

L'Universo può essere meglio definito come una sfera di accrescimento.

Il valore dell'energia elettronica E è legato all'energia magnetica B per mezzo della costante C. Cioè, E=CB; quindi, per l'energia magnetica B possiamo scrivere

$$CB=m_0C^3/v$$

L'energia magnetica B della bolla di energia elettronica che ha formato l'Universo dal nulla è:

$$B=m_0C^2/v$$

$$Bv=m_0C^2$$

Quindi, considerando che all'inizio la velocità v era virtualmente minore di zero, possiamo dire che non c'era nulla. Pertanto, queste due equazioni: $Ev=m_0C^3$ e $Bv=m_0C^2$, ci permettono di collegare in modo matematico un almatrino emerso dal nulla con il sistema fisico dell'Universo.

Infine, concludiamo che l'Universo non può essere statico; ma il moto dell'Universo non lo notiamo, perché marciamo nello spazio con velocità zero rispetto alla Terra.

Se l'Universo fosse statico, l'Universo sarebbe in equilibrio termico; e, in questa forma ferma, nel sistema che forma il nulla assoluto con l'Universo, non esisterebbe il flusso di energia elettronica, cioè l'energia elettronica che costringe a un maggiore movimento. E con più movimento di energia elettronica, si creerà più energia elettronica, che dovrà essere convertita in materia elettronica, affinché il sistema non si riscaldi all'infinito. Quindi, l'Universo sarà sempre in movimento e nulla potrà fermarlo.

IL LAVORO DELL'AUTORE

Laureato presso la Scuola di Chimica, Facoltà di Scienze, Universidad Central de Venezuela, con una laurea in Tecnologia Chimica. Studi post-laurea in Scienze e tecnologie alimentari. Lavoro speciale sulla chimica dei prodotti naturali e sulla chimica delle malattie. Progettista di processi chimici. I libri elencati di seguito sono il prodotto del pensiero; pertanto, questi libri devono essere soggetti a revisione man mano che si chiarisce come si è formato l'Universo, quindi cercate di leggere l'ultima edizione di ogni libro. Questi libri sono: "La chimica del cancro". "La chimica del diabete". "L'infarto". "Il morbo di Alzheimer". "La chimica dell'artrite". "La chimica del pensiero". "La chimica dello spirito". "Come si è formato l'Universo". "Gli espansori". "Perché non si dovrebbe mangiare carne". "Il micro mondo". "Dio esiste davvero?". "Obiezioni alla relatività di Albert Einstein". "Divinare il futuro". "L'errore dei grandi scienziati". "La vita sul Sole". "L'universo prima del tempo zero". "L'energia dello spirito. "L'origine del cancro. "Il mondo delle cellule. "La chimica delle malattie". "La particella che ha creato l'universo". La chimica del cancro, settima edizione. La chimica del diabete, sesta edizione; La chimica dell'infarto, quarta edizione; "La chimica della memoria"; La chimica dell'artrite, terza edizione. "Il potere creativo della mente. La particella che ha formato l'universo", terza edizione. "La massa iniziale dell'universo". "Non si dovrebbe mangiare carne". "L'origine del corpo e dello spirito. "Adorare l'universo". "Zucchero un nemico in cucina". "I viaggi nel tempo". La chimica del cancro, edizione 8. La chimica del diabete, edizione 7. La chimica dell'infarto Edizione 5. La memoria dello spirito Edizione 1, La chimica dell'artrite Edizione 5. "La vita dello spirito". "Riscrivere la scienza". "L'inizio dell'universo". "Crescita spirituale". "L'accoppiamento dello spirito con il corpo". "L'origine della vita. "La morte non esiste". La chimica del cancro, edizione definitiva. La particella che ha creato l'universo, edizione definitiva. "L'incorporazione dello Spirito nel corpo fisico". "Sono venuto dal Sole". "Malattie prevenibili". "L'origine della vita sulla Terra". "Il momento inaugurale dell'universo".

www.ingramcontent.com/pod-product-compliance
Lightning Source LLC
LaVergne TN
LVHW091235150826
845673LV00003B/1153

* 9 7 9 8 3 7 1 0 9 1 5 1 2 *